BEI GRIN MACHT SICH IHR WISSEN BEZAHLT

- Wir veröffentlichen Ihre Hausarbeit,
  Bachelor- und Masterarbeit

- Ihr eigenes eBook und Buch -
  weltweit in allen wichtigen Shops

- Verdienen Sie an jedem Verkauf

Jetzt bei www.GRIN.com hochladen
und kostenlos publizieren

Viktoria Kredel

Der moderne äthiopische Staat - ein fragiles Gebilde

GRIN Verlag

Bibliografische Information der Deutschen Nationalbibliothek:

Die Deutsche Bibliothek verzeichnet diese Publikation in der Deutschen National-
bibliografie; detaillierte bibliografische Daten sind im Internet über http://dnb.d-
nb.de/ abrufbar.

Impressum:

Copyright © 2010 GRIN Verlag GmbH
Druck und Bindung: Books on Demand GmbH, Norderstedt Germany
ISBN: 978-3-640-83705-2

Der moderne äthiopische Staat: ein fragiles Gebilde

Hauptseminarsarbeit zur Äthiopien-Exkursion

WS 2010/2011

Name: Viktoria Kredel

Studiengang: Lehramt für Realschulen, Geographie/Germanistik

Inhaltsverzeichnis

Literaturverzeichnis

1. Einleitung

Seit 1994 ist Äthiopien eine demokratische Bundesrepublik mit föderalen Bundesstaaten und eigener Verfassung. Äthiopien ist ein heterogener Vielvölkerstaat, in dem es immer wieder zu Konflikten zwischen den Ethnien kommt. Dazu stellt sich die Frage, inwiefern die Vielzahl an Ethnien die politische Stabilität beeinflusst.

Im Dezember dieses Jahres, fand die fünfte Internationale Konferenz zum Föderalismus in Addis Abeba statt.

Regierungsvertreter Kassa Tekleberhan und Dr. Fasil Nahom verteidigten im Rahmen dieser Konferenz die Vorzüge des Föderalismus in Äthiopien.[1]

Tekleberhan erwähnte, dass

> „nations and nationalities of Ethiopia have been enjoying their rights guaranteed in the Constitution as well as benefiting from the development gains registered over the past years."[2]

Nahrom fügte noch hinzu, dass

> „the federal system [...] contributed significantly for the equality and unity existed among all nations and nationalities of Ethiopia."[3]

Laut dieser Aussagen, hat sich das der Föderalismus in Äthiopien im Lauf der letzten Jahre äußerst bewährt. Nun stellt sich natürlich die Frage, ob das System des modernen Staates in Äthiopien wirklich die erwähnten Vorteile und positiven Entwicklungen mit sich gebracht hat.

Um diesen Tatbestand zu erörtern wird im 2. Kapitel geklärt, was einen modernen Staat ausmacht. Dazu muss der Staat als solches definiert, seine Funktionen beschrieben und verschiedene Typen voneinander abgegrenzt werden. Danach wird darauf eingegangen, wie der typische Staat in Afrika beschaffen ist.

Im 3. Kapitel soll dann erläutert werden was den modernen Staat Äthiopien bestimmt, wie dieser historisch entstanden und wie der heutige Föderalismus in Äthiopien umgesetzt ist. Dazu wird zuerst der Begriff der Ethnie und des Föderalismus definiert. Außerdem wird auch auf die heterogene Bevölkerung in Äthiopien eingegangen. Darauffol-

---

[1] Vgl. http://www.waltainfo.com/index.php?option=com_content&task=view&id=24679&Itemid=52
[2] TEKLEBERHAN, K. (2010): zitiert unter:
http://www.waltainfo.com/index.php?option=com_content&task=view&id=24679&Itemid=52
[3] NAHROM, F. (2010): zitiert unter:
http://www.waltainfo.com/index.php?option=com_content&task=view&id=24679&Itemid=52

gend sollen einige bestehende Konflikte zwischen verschiedenen ethnischen Gruppen untereinander und in Bezug auf den Staat aufgezeigt werden.

Zum Schluss soll der bestehende Föderalismus Äthiopiens mit der Anfangs aufgestellten Theorie eines stabilen Staates und typischen instabilen Afrikanischen Staates verglichen werden.

2. Was ist ein stabiler moderner Staat?

Während der Recherche zu dem Thema stellte sich die Frage was einen modernen Staat ausmacht. Das „übliche Weltbild eines westlichen Bürgers"[4] beinhaltet, dass die Welt in Staaten eingeteilt ist. „Politik geschieht entlang der durch den Staat gezogenen Grenzen, innerhalb von Staaten bzw. zwischen Staaten"[5] Deshalb kann davon ausgegangen werden, dass Staaten eine besondere Bedeutung in der Gesellschaft eingeräumt wird. „Der Staat in seiner speziellen Form als moderner Nationalstaat ist eine geschichtlich relativ junge Erscheinung."[6] Die Neuerschaffung des Nationalstaats in Europa ging mit Errungenschaften wie Demokratie, Menschenrechten, Rechtstaatlichkeit einher.[7] Das was in Europa so erfolgreich ist, muss doch dann auch in den anderen Teilen der Welt funktionieren? Diese Schlussfolgerung ist aber nur von mäßigem Erfolg bestätigt. „So ist etwa in Afrika nach Ansicht der Experten eine Vielzahl der dortigen Staaten zumindest latent vom Zerfall bedroht."[8]

Zuerst jedoch muss festgelegt werden, welche Merkmale einen Staat ausmachen, um sagen zu können, ob dieser vom Verfall bedroht ist.

2.1 Definition Staat

Staat lässt sich, wie bei vielen wichtigen Begriffen, kaum komplett und allgemein erfassen, sodass die Definition der Vielschichtigkeit des Begriffes gerecht würde. Der Wortstamm entstand aus dem lateinischen Wort „status", welches Zustand oder Stand bedeutet. Auch wenn oftmals ältere Begriffe, z.B. „polis" mit Staat übersetzt werden, ist „der Begriff des Staates [...] ein neuzeitlicher Begriff."[9]

---

[4] Dieser Ausdruck wird hier allgemeinsprachlich verwendet, ihn wissenschaftlich zu definieren würde hier den Rahmen sprengen
[5] MUTSCHLER, A. (2002): *Eine Frage der Herrschaft. Betrachtung zum Problem des Staatszerfalls in Afrika am Beispiel Äthiopiens und Somalias.* Fragen politischer Ordnung in einer globalisierten Welt. Band 1. Münster. (S. 19)
[6] Vgl. ebd. (S.53)
[7] Vgl. (S.19)
[8] Vgl. KÜHNEN, W. *Zentralafrika vor dem Flächenbrand.* SZ 1998 In: MUTSCHLER, A. (2002): *Eine Frage der Herrschaft. Betrachtung zum Problem des Staatszerfalls in Afrika am Beispiel Äthiopiens und Somalias.* Fragen politischer Ordnung in einer globalisierten Welt. Band 1. Münster (S.19)
[9] Ebd. (S. 53)

Nach Jellinek besteht ein Staat aus drei Teilen; dem Staatsvolk, dem Staatsgebiet und der Staatsgewalt:

- „Zum Staatsvolk zählen formal all diejenigen, die über das Mittel der Staatsangehörigkeit ihre Mitgliedschaft dem Staat bekunden."[10]
- „Staatsgebiet bezeichnet das durch Staatsgrenzen festgelegte geographische Gebiet, den Luftraum, die Küsten- und Eigengewässer, über die ein Staat Hoheitsrechte ausübt."[11]
- „Staatsgewalt bezeichnet die auf eigenem Recht beruhende Herrschaftsmacht, über die ein Staat bezogen auf das eigene Staatsgebiet […] und auf die eigenen Staatsangehörigen (Personalhoheit) verfügt. Zu unterscheiden sind 1) die Institutionen der Staatsgewalt […] und 2) das Gewaltmonopol, das ausschließlich dem Staat das Recht zubilligt, zur Durchsetzung der Rechtsordnung physische Gewalt anzuwenden. Die Staatsgewalt wird in den modernen Demokratien nach innen durch die Grund- und Menschenrechte und nach außen durch internationale Verträge und das Völkerrecht begrenzt."[12]

Diese drei Teile müssen bestehen, damit man einen Staat auch als solchen bezeichnen, bzw. anerkennen kann. Im 3. Kapitel wird näher darauf eingegangen, ob Äthiopien diese drei Teile besitzt.

2.2 Funktionen des Staates

Der Staat stellt aber nicht nur den formalen Rahmen, sondern er muss nebenbei noch Aufgaben erfüllen. Zum einen garantiert er Ordnung, zum anderen stellt er die dafür notwendigen Institutionen zur Verfügung. Dazu gründet sich der Staat auf zwei Säulen, einer funktionalen, die die Souveränität des Staates beinhaltet, und einer normativen, die die Legitimation eins Staates fordert.[13]

Ein Staat ist dann souverän, wenn er „frei und unabhängig über die Art der Regierung, das Rechtssystem und die Gesellschaftsordnung innerhalb […] [seines] Staatsgebietes bestimmen (innere Souveränität) [kann]."[14] Zusätzlich sollten alle Staaten im internationalen Beziehungsgeflecht gleichgestellt sein (äußere Souveränität). Wenn ein Staat seine Staatsgewalt komplett innehat, dann ist er auch nach innen hin souverän.[15]

---

[10] MUTSCHLER, A. (2002): *Eine Frage der Herrschaft. Betrachtung zum Problem des Staatszerfalls in Afrika am Beispiel Äthiopiens und Somalias.* Fragen politischer Ordnung in einer globalisierten Welt. Band 1. Münster (S. 55)

[11] SCHUBERT, K. & KLEIN, M. (2006) *Das Politiklexikon.* Bundeszentrale für politische Bildung. Bonn. unter: http://www.bpb.de/popup/popup_lemmata.html?guid=ZBZ1RK (18.10.2010)

[12] Ebd. Unter: http://www.bpb.de/popup/popup_lemmata.html?guid=GVXEYK (18.10.2010)

[13] Zur funktionalen und normativen Seite des Staates gehören noch mehr Aspekte, die zwei genannten sind meiner Meinung nach aber die wichtigsten in dieser Arbeit.

[14] ZANDONELLA, B (2005): *Pocket Europa. EU-Begriffe und Länderdaten.* Bundeszentrale für politische Bildung. Bonn. http://www.bpb.de/popup/popup_lemmata.html?guid=420Y9O (18.10.2010)

[15] Vgl. auch MUTSCHLER, A. (2002): *Eine Frage der Herrschaft. Betrachtung zum Problem des Staatszerfalls in Afrika am Beispiel Äthiopiens und Somalias.* Fragen politischer Ordnung in einer globalisierten Welt. Band 1. Münster (S.74f)

Legitimation bedeutet, dass ein Staat auch berechtigt ist, die Staatsgewalt auszuüben. Im Falle Deutschlands wäre das eine demokratische Berechtigung, weil die Regierung vom Volk gewählt wurde und demnach auch im Sinne ihres Volkes handelt.[16]

Sind diese beiden Säulen des Staates politisch und gesellschaftlich fest verankert, so ist dieser auch stabil und nicht von Verfall bedroht.

2.3 Der moderne Staat in Afrika

Neben dem gerade erläuterten idealtypischen westfälischen Staat gibt es auch noch den noch den postmodernen Staat und den „unsubstantial state", der ungeeint und meist schwach ist. Ein Staat ist dann ein „unsubstantial state", wenn er sowohl wirtschaftliche, als auch politische Schwächen aufweist[17] und eher instabil ist. Letztgenannter Staatstyp ist im Rahmen dieser Arbeit deshalb von Interesse, weil er das tatsächliche Staatswesen in großen Teilen Afrikas wiederspiegelt und nicht, wie eigentlich gewollt, der westfälische Staat. Demnach ist es wichtig, dass die Merkmale des typischen afrikanischen Staates erläutert werden.

Im Zuge der Dekolonialisierung wurde in vielen afrikanischen Ländern ein Staatsmodell nach europäischem Vorbild etabliert. Dies bedeutet jedoch nicht, dass es in Afrika nicht schon vor der Kolonialisierung staatliche Strukturen gegeben hat.

Laut MEYER, F. & EVANS-PRITCHARD, E. gibt es zwei afrikanische politische Systeme. Zum einen solche mit zentraler, zum anderen solche mit segmentärer Regierung, die sich an „Verwandschaftsstrukturen" orientieren, ohne eine zentrale Herrschaftsstruktur zu besitzen.[18] Afrika entspricht also nicht dem Bild, es besäße keine eigenen politischen Strukturen. Trotzdem werden diese Strukturen als „unmodern" abgetan, denn Staat ist das, was die „westliche Welt dafür hält"[19]. Aus diesem Grund wurde während der Dekolonialisierung Anfang bis Mitte des 20. Jahrhunderts in vielen, nun unabhängigen afrikanischen Staaten, das gängige Modell des westfälischen Staates eingeführt. Es lässt sich also sagen, dass die meisten Staaten in Afrika „historisch junge Gebilde

---

[16] Vgl. THURICH, E. (2006): *pocket politik. Demokratie in Deutschland.* Bundeszentrale für politische Bildung. Bonn. http://www.bpb.de/popup/popup_lemmata.html?guid=4E78D5 (18.10.2010)
[17] Vgl. MUTSCHLER, A. (2002): *Eine Frage der Herrschaft. Betrachtung zum Problem des Staatszerfalls in Afrika am Beispiel Äthiopiens und Somalias.* Fragen politischer Ordnung in einer globalisierten Welt. Band 1. Münster (S. 55,57f)
[18] Vgl. MEYER, F. & EVANS-PRITCHARD, E. (1949) In: MUTSCHLER, A. (2002): *Eine Frage der Herrschaft. Betrachtung zum Problem des Staatszerfalls in Afrika am Beispiel Äthiopiens und Somalias.* Fragen politischer Ordnung in einer globalisierten Welt. Band 1. Münster (S.60)
[19] Vgl. MUTSCHLER, A. (2002): *Eine Frage der Herrschaft. Betrachtung zum Problem des Staatszerfalls in Afrika am Beispiel Äthiopiens und Somalias.* Fragen politischer Ordnung in einer globalisierten Welt. Band 1. Münster (S.61)

sind"[20], die nicht historisch gewachsen sind, wie es in Europa üblich gewesen ist. Vielmehr wurde das Staatssystem den ehemaligen Kolonien aufoktroyiert und hat sich demnach nicht von innen, sondern durch äußere Fremdeinflüsse entwickelt.

Dies wirft natürlich die Frage auf, inwieweit die oftmals heterogenen afrikanischen Staaten ein Zugehörigkeitsgefühl zu ihrer Nation entwickeln konnten, welches als Basis für eine Grundübereinstimmung in der Gesellschaft dienen kann. Nach der Unabhängigkeit konnte zum Teil beobachtet werden, dass die Menschen sich wieder häufiger mit ihrer ethnischen Gemeinschaft, anstatt mit der Nation identifizierten. Dies hat natürlich Probleme aufgeworfen, die durch aufwendige Neuschaffung von Parteien und Institutionen gelöst werden sollten.[21] Jedoch setzte „statt eines erhofften Modernisierungsschubs – als Antriebsmoment für eine nationale Identität – [...] häufig ein entgegengesetzter Prozess der Rückbesinnung auf ethnische Identität ein."[22]

Demnach kann man sagen, dass die meisten afrikanischen Staaten eher dem Konzept des „unsubstantial states", als dem des gängigen westfälischen Staates entsprechen. Es sind sogenannte „Quasi-Staaten", was bedeutet, dass sie zwar nach außen international anerkannt sind, aber nach innen nicht den geforderten Kriterien folgen.[23] Oft ist auch die „Personalisierung des Politischen" typisch für afrikanische Staaten. Dies hat zur Folge, dass es eine strenge Trennung der Bereiche, wie Amt und Inhaber oder Politik und Wirtschaft, fehlt. Es herrscht also, anstatt der eigentlichen politischen Instanzen, eher ein weitreichendes Geflecht von persönlichen Beziehungen. Demnach steht der Staat für etwas, was es zu erbeuten gilt. Die Einstellung, dass viele Afrikaner „ihre Regierungen als nicht legitim, sondern lediglich als erfolgreiche Unternehmer der Macht "[24] verstehen, führt zum Verschwimmen der Grenzen,[25] was den Staat als solches und in seinen Funktionen destabilisiert.

Nachdem nun allgemein erörtert worden ist, was den typischen modernen Staat in Afrika ausmacht, soll geklärt werden, inwiefern der moderne Staat Äthiopien diesem Bild entspricht.

---

[20] EMMINGHAUS, C. (1997): *Äthiopiens ethnoregionaler Föderalismus. Modell der Konfliktbewältigung für afrikanische Staaten?*. Demokratie und Entwicklung. Band 27. Hamburg. (S.28)
[21] Vgl. ebd. (S. 28)
[22] Ebd. (S.29)
[23] Vgl. MUTSCHLER, A. (2002): *Eine Frage der Herrschaft. Betrachtung zum Problem des Staatszerfalls in Afrika am Beispiel Äthiopiens und Somalias.* Fragen politischer Ordnung in einer globalisierten Welt. Band 1. Münster (S. 62)
[24] Ebd. (S. 64)
[25] Vgl ebd. (S.63f)

3. Der moderne Staat Äthiopien

Äthiopien, mit seiner Hauptstadt Addis Abeba, ist in Ostafrika gelegen, am sogenannten Horn von Afrika. Dies ist eine Region, zu welcher auch die beiden im Norden liegenden Nachbarländer Eritrea und Dschibuti, sowie das im Osten gelegene Somalia gezählt werden. Im Westen grenzt Äthiopien an den Sudan und im Süden an den Staat Kenia (s. Abb. 1).

Abb. 1: Karte Äthiopien

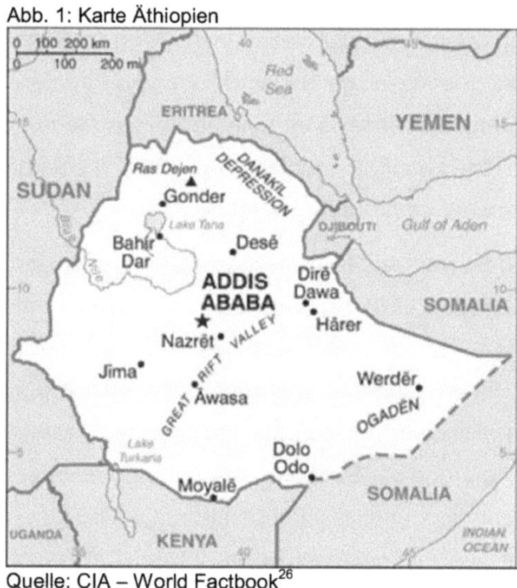

Quelle: CIA – World Factbook[26]

Der äthiopische Staat ist eine föderale demokratische Republik. Die Regierung setzt sich seit 1991 ausschließlich aus Mitgliedern der Ethiopian People's Revolutionary Democratic Front (EPRDF)[27] zusammen, welche auch die klare Mehrheit der Sitze im Parlament hält. Seit 1991 ist Premierminister Meles Zenawi im Amt und seit 2001 wird das Präsidentenamt von Girma Woldegiorgis bekleidet.[28]

Äthiopien hat ca. 74 Millionen Einwohner, laut der Volkszählung von 2007, die vermutete Ziffer liegt aber höher.[29]

Dieses Kapitel beschäftigt sich mit der Entwicklung des modernen Staates in Äthiopien, seinem heutigen Aufbau aber auch den wichtigsten ethnischen Gruppen des Landes.

---

[26] Unter: https://www.cia.gov/library/publications/the-world-factbook/maps/maptemplate_et.html (18.10.210)
[27] EPRDF = Ethiopian People's Revolutionary Democratic Front
[28] Vgl. http://www.bpb.de/wissen/CORY19,0,0,%C4thiopien.html (16.12.2010)
[29] Vgl. http://www.bpb.de/wissen/CORY19,0,0,%C4thiopien.html (16.12.2010)

3.1 Historischer Kurzüberblick

Im Gegensatz zu den meisten afrikanischen Staaten war Äthiopien nie kolonialisiert. Der moderne äthiopische Staat ist durch gesellschaftliche Umbrüche entstanden. Um dies nachvollziehen zu können soll ein kurzer Abriss der Geschichte Äthiopiens gezeigt werden. Diese Entwicklung ist eine maßgebliche Basis für den modernen Staat Äthiopien und dessen aktuellen politischen und gesellschaftlichen Probleme. Im Besonderen trifft das auf die Historie Äthiopiens seit Mitte bis Ende des 19. Jahrhunderts zu, auf die deshalb, v.a. im Hinblick auf Politik und Gesellschaft, genauer eingegangen werden soll.

An erster Stelle steht ein tabellarischer Kurzüberblick über die Geschichte Äthiopiens:

Tab. 1 Historischer Kurzüberblick

Kuschiten (Hamiten)	Autochthone Bevölkerung
ca. 1000 v. Chr.	Gründung der Salomonischen Dynastie (Legende)
800 v. Chr. - ca. 350 n. Chr.	Hamitisches Reich
ca. 1000 – 400 v. Chr.	Jemitische Einwanderung in Nordäthiopien
ca. 100 v. - 700 n. Chr.	Aksumitisches Reich
ca. 350 n. Chr.	Christentum wird eingeführt
1268	Wiederherstellung des salomonischen Reiches mit amharisch als Nationalsprache
14./15. Jh.	Ausdehnung des Reiches bis ins heutige Südäthiopien
1528	Islamische Invasion
17./18. Jh.	Zerfall des Reiches in autonome Fürstentümer ➜ politische Anarchie & Bürgerkriege
ab 1855	Restauration und „Réunion" des äthiopischen Kaiserreiches durch Theodros II., Yohannes IV. & Menelik II.
1890	Eritrea wird Kolonie Italiens
1896	Abwehr italienischer Invasionen
1936 - 1941	Annexion durch Italien ➜ Befreiung durch einheimische & englische Truppen
1952-1962	Eritrea als autonomer Staat
1962	Eritrea wird wieder eine Provinz Äthiopiens
1973	Hungerkatastrophe in den Provinzen Tigray & Wollo
1974	Sturz des Kaisers, Einführung eines sozialistischen Militärregimes durch PMAC[30]
1975	Landreform

---

[30] PMAC = „Provisional Military Administrative Council" (amharisch: Derg)

1977/78	Machtkampf zw. Militär und Opposition („Roter Terror"), Sieg gegen Somalia im Kampf um Ogaden
1984 - 1988	Zwangsumsiedlung mehrerer Millionen Menschen, auf Grund von Hungersnöten
1991	Sturz des sozialistischen Regimes
24. 5. 1993	Endgültige Unabhängigkeit Eritreas von Äthiopien
Dezember 1994	Verfassung der demokratischen Republik Äthiopien
1991- heute	Regierung aus Mitgliedern der EPRDF Premierminister Meles Zenawi

Quelle: verändert nach DAFFA, P.[31]

An zweiter Stelle folgt eine ausführlichere Zusammenfassung der geschichtlichen Ereignisse, die zur Entstehung des modernen Äthiopiens beitrugen.

„Die Schlacht von Adwa [am 2. März] 1896 gegen die italienischen Invasoren gilt als "Konsolidierungsdatum" des modernen Staates"[32] und ist bis heute ein Nationalfeiertag in Äthiopien. Seit Mitte des 19. Jahrhunderts waren Herrscher des abessinischen Kaiserreichs aktiv am „scramble for africa"[33] beteiligt und vor allem unter Kaiser Menelik II., welcher im Jahre 1886/87 die neue Hauptstadt Addis Abeba gründete, konnte das ursprüngliche Territorium um ein Dreifaches vergrößert werden.[34] Infolge dieser Expansionspolitik wurden die bis heute gültigen Grenzen Äthiopiens festgelegt.[35] Mit der Eroberung der neuen Gebiete, war das Christentum nicht mehr die vorherrschende Religion. Die unterworfenen Völker im Süden sind überwiegend muslimisch oder traditionell religiös geprägt. Hinzu kommt auch noch, dass jene Volksgruppen anderen Kulturkreisen angehören, demnach andere gesellschaftliche Strukturen besitzen und andere Sprachen (außer Amharisch) sprechen. Unter Menelik wurde ein Prozess der Zentralisierung angestoßen, der sich in politischen Reformen, wie der Bildung eines Ministerialkabinetts oder der Einführung eines Steuersystems, v.a. zur Stärkung des Militärs, zeigte.[36] Regierung und Verwaltung blieben jedoch „in [...] Hand einer kleinen amharischen

---

[31] Vgl. DAFFA, P. (1997): Historische und sozio-ökonomische Hintergründe aktueller Regionalisierungsbestrebungen am Horn von Afrika. Das Beispiel Äthiopien. In: BELLERS, J. & GRÜNDER, H. (Hrsg.): Regionen und Regionalismus. Münster: 56-92. (S. 88f)

[32] VÖLKEL, J.C. (2009): *Konfliktportraits. Äthiopien.* http://www.bpb.de/themen/W3IXH9,0,0,%C4thiopien.html (17.10.2010)

[33] Dies bedeutete die Aufteilung Afrikas unter den Kolonialmächten, Äthiopien war hierbei ein Sonderfall

[34] EMMINGHAUS, C. (1997): *Äthiopiens ethnoregionaler Föderalismus. Modell der Konfliktbewältigung für afrikanische Staaten?.* Demokratie und Entwicklung. Band 27. Hamburg. (S. 65f)

[35] Vgl. MUTSCHLER, A. (2002): *Eine Frage der Herrschaft. Betrachtung zum Problem des Staatszerfalls in Afrika am Beispiel Äthiopiens und Somalias.* Fragen politischer Ordnung in einer globalisierten Welt. Band 1. Münster (S.218)

[36] Vgl. ASSEFA, G. (2001): Ethnoregionale Konflikte, Föderalismus und Demokratie in Äthiopien. Johann Wolfgang Goethe - Universität zu Frankfurt am Main (2002). (S. 59)

Oberschicht, während andere Gruppierungen keinen Zugang zu politischer Macht hatten.“[37]

Während der nächsten wichtigen historischen Phase, von 1916 bis 1974, setzte der amharische Kaiser Haile Selassie die Zentralisierung Äthiopiens fort. Mit Hilfe des Westens, v.a. durch die USA und Großbritannien konnte ein moderner Verwaltungs- und Militärapparat entstehen. Selassi teilte 1942 Äthiopien in zwölf Verwaltungsregionen ein, wobei aber ethnische Hintergründe nicht berücksichtigt worden sind. Zum Beispiel lebten in der Region Shoa die Völker der Amhara, Oromo und Gurage immer noch zusammen. Weiterhin schuf er in den 40er Jahren eine Staatsbürokratie, die auf Addis Abeba ausgerichtet war, welche zum großen Teil von den Amharen geleitet wurde. Entscheidend war auch, dass eine zentrale Armee entstand, was das Ende der Tradition kleinerer Armeen des Provinzadels zur Folge hatte. Alle genannten Maßnahmen verstärkten den Zentralisierungsprozess und trugen zur Stärkung des nun „feudal-absolutistischen Staates“ bei.[38]

Dieser Prozess verschärfte die sozialen und nationalen Widersprüche kontinuierlich, da nur ein kleiner Teil der Bevölkerung von den gesellschaftlichen und wirtschaftlichen Fortschritten profitieren konnte. Dies führte dazu, dass sich Widerstandsbewegungen ausbildeten, die ein sozial und ökonomisch gerechtes Äthiopien propagierten.[39]

Die Unruhen führten schließlich zum Putsch und der Absetzung des Kaisers Haile Selassie durch die PMAC im Jahre 1974, worauf eine bis 1991 andauernde sozialistische Militärdiktatur folgte.

Doch auch in dieser Periode konnte es nicht zu einer Dezentralisierung im politischen Bereich kommen. Die PMAC machte der Bevölkerung des Landes nur falsche Hoffnungen, indem sie eine Lösung der ethnischen Probleme durch den Sozialismus auf der Basis des sowjetischen Modells proklamierten.[40] Das Programm der nationaldemokratischen Revolution von 1976 erkennt die Gleichberechtigung der Ethnien Äthiopiens zwar an und der Islam wird durch die Zuerkennung von Feiertage aufgewertet, jedoch stellte sich bald heraus, dass diese Emanzipation der Ethnien nicht über den kulturellen Bereich hinausgehen sollte. Auch die Verfassung von 1987 änderte an diesem Punkt

---

[37] BASEWITZ, N. & HESS, H.: *10 Jahre ethnischer Föderalismus in Äthiopien. Zwischen nationaler Selbstbestimmung und Balkanisierung.* Friedrich Ebert Stiftung. http://library.fes.de/pdf-files/iez/50161.pdf (S.5)
[38] Vgl. ASSEFA, G. (2001): *Ethnoregionale Konflikte, Föderalismus und Demokratie in Äthiopien.* Johann Wolfgang Goethe - Universität zu Frankfurt am Main (2002). (S.68f)
[39] Vgl. ebd. (S.71)
[40] Vgl. PRAEG, B. (2006): Ethiopia and Political Renaissance in Afrika. New York. (S. 72)

nichts und somit blieb eine politische Eigenständigkeit der einzelnen Ethnien in weiter Ferne.[41]

> „In Reaktion auf die ungelöste Nationalitätenfrage gründeten sich ab 1975 ethnisch ausgerichtete Widerstandsorganisationen wie die Tigray Peoples Liberation Front, Afar Liberation Front, Oromia Liberation Front und Western Somali Liberation Front, die zusammen mit der eritreischen Unabhängigkeitsbewegung EPLF nach 10-jährigem Bürgerkrieg 1991 den Sturz des Derg herbeiführen."[42]

Nach diesem großen gesellschaftlichen Umbruch stellte sich nun die Frage nach einem adäquaten politischen Modell, dass die Zentralisierung Äthiopiens aufheben, vorhandene ethnische Konflikte entschärfen und eine politische Selbstbestimmung der einzelnen Nationen gewährleisten sollte.

Vom 1.- 5. Juli 1991 wurde eine nationale Konferenz in Addis Abeba einberufen, in welcher unter dem Vorsitz der TPFL[43] und EPRDF die Lösung des oben genannten Problems entwickelt werden sollte. Diese führte zu einer Übergangsregierung und später dann zur heutigen föderalen Republik Äthiopiens.

Nach diesem Überblick der Geschichte Äthiopiens, kann man schon einmal sagen, dass der Staat Äthiopien neben den Merkmalen eines idealen Staates auch Merkmale eines typischen modernen afrikanischen Staates aufweist. Die ethnische Vielfalt Äthiopiens ist eine Besonderheit, die großen Einfluss auf das politische System und dessen Stabilität hat. Im nächsten Abschnitt sollen deshalb die Grundzüge des ethnoregionalen Föderalismus näher betrachtet werden.

3.2 Äthiopiens ethnoregionaler Föderalismus

In der Übergangsphase Äthiopiens (1991 bis 1995) sagte Meles Zenawi:

> „The key cause of the war over the country was the issue of nationalities. People were fighting for the right to use their language, to use their culture, to administer themselves. So without guaranteeing these rights it was not possible to stop the war, or prevent another coming up."[44]

Man glaubte ihm und seiner These, man könne die politischen, wie die Zentralisierung des Landes, und gesellschaftlichen Probleme, wie den verstärkten Ethnonationalismus, nur mit Hilfe eines föderalen Staatssystems bekämpfen. Dazu wurde Äthiopien, laut der

---

[41] Vgl. BASEWITZ, N. & HESS, H.: *10 Jahre ethnischer Föderalismus in Äthiopien. Zwischen nationaler Selbstbestimmung und Balkanisierung.* Friedrich Ebert Stiftung. http://library.fes.de/pdf-files/iez/50161.pdf (17.12.2010). (S.5)
[42] Ebd. (S.5)
[43] TPFL = Tyrian's people liberation front
[44] ZENAWI, M. In: BASEWITZ, N. & HESS, H.: *10 Jahre ethnischer Föderalismus in Äthiopien. Zwischen nationaler Selbstbestimmung und Balkanisierung.* Friedrich Ebert Stiftung. http://library.fes.de/pdf-files/iez/50161.pdf (18.12.2010).

11

neuen Verfassung, in 9 Regierungsregionen unterteilt, die nochmals in mehrere Zonen aufgeteilt wurden. Jede Ethnie sollte so ihr eigenes „Staatsgebiet", entsprechend ihres Siedlungsgebietes, erhalten.

Zunächst soll der Begriff der Ethnie und der Ethnizität erläutert werden, danach durch welche Merkmale der (ethnoregionale) Föderalismus bestimmt wird und im darauffolgenden Abschnitt wie diese Staatsform in Äthiopien umgesetzt wurde.

3.2.1 Definition Ethnie & Ethnizität

Die Gesellschaft in Äthiopien ist mit ca. 80 ethnischen Gruppen und 70 bis 100 Sprachen sehr heterogen. Doch was macht eine ethnische Gruppe aus? Um das zu klären muss der Begriff der Ethnie bestimmt werden.

Einschlägige Literatur zum Thema stellt zwei Hauptrichtungen dar, wie man den Begriff der Ethnie fassen kann. Zum einen die primordiale, die objektive Kriterien, wie Sprache, Territorium, Vorgeschichte und Rasse als ausschlaggebend vorgibt, zum anderen die konstruktivistische Idee, die eher subjektive Kriterien beachtet. Folgende Definition nimmt als Basis den konstruktivistischen Ansatz:[45]

- „Als Ethnie wird eine Anzahl von Menschen bezeichnet, die sich aufgrund gemeinsamer kultureller Merkmale als Gemeinschaft ansieht und von anderen Gemeinschaften als solche angesehen wird.
- Ethnizität (Ethnische Identität) dagegen ist das Bewusstsein von Menschen, einer Ethnie zuzugehören, oder andere Gemeinschaften aufgrund kultureller Unterschiede als separat anzusehen.[46]

Demnach scheint die Zugehörigkeit zu einer Ethnie ein flexibler Konstruktionsprozess im Bewusstsein eines jeden Menschen zu sein. Dieser Prozess kann durch äußere Umstände, wie beispielsweise das politische System, beeinflusst werden.

3.2.2 Definition (ethnoregionaler) Föderalismus

Föderalstaatliche Systeme sind heutzutage weltweit verbreitet, man kann sagen, dass, wenn man offene Kriterien anlegt, bis zu siebzig Prozent aller existierenden Staaten föderal aufgebaut sind.[47]

---

[45] Vgl. BASEWITZ, N. & HESS, H.: *10 Jahre ethnischer Föderalismus in Äthiopien. Zwischen nationaler Selbstbestimmung und Balkanisierung.* Friedrich Ebert Stiftung. http://library.fes.de/pdf-files/iez/50161.pdf (19.12.2010). (S.2) & MUTSCHLER, A. (2002): *Eine Frage der Herrschaft. Betrachtung zum Problem des Staatszerfalls in Afrika am Beispiel Äthiopiens und Somalias.* Fragen politischer Ordnung in einer globalisierten Welt. Band 1. Münster
[46] Vgl. BASEWITZ, N. & HESS, H.: *10 Jahre ethnischer Föderalismus in Äthiopien. Zwischen nationaler Selbstbestimmung und Balkanisierung.* Friedrich Ebert Stiftung. http://library.fes.de/pdf-files/iez/50161.pdf (19.12.2010). (S.2)

Der ethnoregionale Föderalismus geht auf die traditionelle Form des Föderalismus zurück. Föderalismus lässt sich folgendermaßen grob definieren:

> „[von lat. foedus: Bund, Übereinkunft] Bezeichnung für den Zusammenschluss von Staaten oder Ländern zu einem größeren politischen Ganzen, wobei die Teilstaaten ein Mindestmaß an Autonomie behalten."[48]

Das Prinzip des ethnoregionalen Föderalismus besteht darin, dass Regionen, die sich sowohl ethnisch, kulturell als auch konfessionell oder wirtschaftlich unterscheiden, passend in den Staat integriert werden sollen. Die Basis dazu bieten einzelne Gliedstaaten, die den ethnischen Siedlungsräumen weitgehend entsprechen und in denen man auf regionaler Ebene eine eigene Staatlichkeit entwickeln kann. Das ermöglicht den einzelnen Ethnien ihre Kultur, Sprache und Religion zu schützen und in die staatlichen Institutionen einzubringen. Wenn die Interessen der einzelnen Ethnien gewährleistet sind, soll eine bessere Kommunikation und Kooperation auf der Ebene des Gesamtstaates möglich sein. Somit scheint der ethnoregionalen Föderalismus ideal für heterogene und multiethnische Staaten zu sein[49], wie Äthiopien einer ist.

Der ethnoregionale Föderalismus birgt jedoch gewissermaßen die Gefahr, ethnische Identitäten politisch zu instrumentalisieren, was zur Folge hätte, dass die Gesellschaft noch stärker ethnisch segregiert würde und die erhoffte Kooperation der einzelnen Gruppen ausbliebe. Dies ist insbesondere oft der Fall, wenn diese Gruppen, trotz des Föderalsystems, kaum Zugang zur gesamtstaatlichen Machtebene besitzen.[50]

Damit dies vermieden werden kann müssen bestimmte Minimalanforderungen erfüllt sein:

- Ausgewogene Machtbalance zwischen Zentral– und Gliedstaaten
- Etablierte Strukturen müssen sich den wandelnden gesellschaftlichen und ethnischen Sozialstrukturen anpassen können
- Notwendigkeit einer Verfassungsgerichtsbarkeit um im Falle von Konflikten zwischen gesamtstaatlichen und ethnischen Interessenslagen zu vermitteln

---

[47] Vgl. EMMINGHAUS, C. (1997): *Äthiopiens ethnoregionaler Föderalismus. Modell der Konfliktbewältigung für afrikanische Staaten?*. Demokratie und Entwicklung. Band 27. Hamburg. (S.55)
[48] THURICH, E. (2006): *pocket politik. Demokratie in Deutschland*. Bundeszentrale für politische Bildung. Bonn. http://www.bpb.de/popup/popup_lemmata.html?guid=PM7FRE
[49] EMMINGHAUS, C. (1997): Äthiopiens ethnoregionaler Föderalismus. Modell der Konfliktbewältigung für afrikanische Staaten?. Demokratie und Entwicklung. Band 27. Hamburg (S. 57)
[50] Vgl. ebd. (S. 58)

- Effektives Minderheitenschutzsystem[51]

Im nächsten Abschnitt ist ein Überblick gegeben, wie dieses Prinzip in Äthiopien seit 1994 umgesetzt worden ist.

3.2.3 Umsetzung in Äthiopien

In Äthiopien ist das Prinzip der Ethnizität in der Verfassung verankert. Das heißt, das äthiopische Volk besteht aus mehreren Nationalitäten. Jede der über 80 Ethnien wird als eigene Nationalität betrachtet, die das Recht auf kulturelle Autonomie und Selbstverwaltung hat. Durch die Gleichbehandlung aller Ethnien soll ein friedliches Zusammenleben gefördert werden.

Das Staatsgebiet wurde in 9 Regionen und 2 bundesunmittelbare Städte unterteilt. Diese wiederrum werden in Bezirke, den Woredas, eingeteilt. Den Woredas übergeordnet sind die Zonen (vgl. Abb. 2), untergeordnet die Gemeinden, die Kebeles. In manchen Regionen sind die Kebeles noch einmal in kleinere Einheiten eingeteilt, den Gotts, die max. 90 Haushalte umfassen. Darunter liegen die Garees die ca 15 bis 30 Haushalte umfassen. Für diese kleinsten Einheiten gibt es jeweils einen Vorsteher, der seine Einheit vor den Kebeles vertritt.[52] Diese Einteilung dient jedoch nicht zu Zwecken der Verwaltung, sondern eher dazu, dass die Regierung Zugang bis zur untersten Ebene bekommt.

Sowohl Woredas, als auch Kebeles sind verwaltungsrechtlich autonom anerkannt, mit eigenen Organen und Befugnissen. Bei den Zonen ist dieser rechtliche Status dagegen ungeklärt.[53]

---

[51] Vgl. ebd. (S.59)

[52] Vgl. KOOPERATION ASYLWESEN DEUTSCHLAND–ÖSTERREICH–SCHWEIZ (2010): Bericht zur D-A-CH Fact Finding MissionÄthiopien/Somaliland 2010 (S.11)

[53] Vgl. BASEWITZ, N. & HESS, H.: *10 Jahre ethnischer Föderalismus in Äthiopien. Zwischen nationaler Selbstbestimmung und Balkanisierung.* Friedrich Ebert Stiftung. http://library.fes.de/pdf-files/iez/50161.pdf (18.12.2010). (S.7)

Abb. 2 Regionen und Zonen in Äthiopien

Quelle: Bericht zur D-A-CH Fact Finding Mission Äthiopien/Somaliland 2010[54]

Nachdem ein grober Überblick über die Grundsätze des ethnoregionalen Föderalismus und die aktuelle Verwaltungsstruktur der Republik Äthiopiens und deren Leitbild gezeigt wurde, sollen nun auf die heterogene Bevölkerung Äthiopiens und deren größten ethnischen Gruppen eingegangen werden.

3.3   Äthiopiens Ethnien

Im bisherigen Verlauf dieser Arbeit ist die heterogene Bevölkerung Äthiopiens schon mehrmals angesprochen worden. Folgende Tabelle soll diese Diversität aufzeigen.

---

[54] KOOPERATION ASYLWESEN DEUTSCHLAND–ÖSTERREICH–SCHWEIZ (2010): Bericht zur D-A-CH Fact Finding MissionÄthiopien/Somaliland 2010 (S.11)

Tabelle 2.: Heterogene Bevölkerung Äthiopiens

Ethnien	Sprachen	Religionen
Insgesamt um die ca. 80 Ethnien: Oromo 34.5% Amhara 26.9% Somali 6.2% Tigray 6.1% Sidamo 4% Gurage 2.5% Welaita 2.3% Hadiya 1.7% Afar 1.7% Gamo 1.5% Gedeo 1.3% Andere 11.3%	Zwischen 70 und 100 Sprachen: Amharisch(Offizielle Amtssprache) 32.7%, Oromisch 31.6%, Tigrisch 6.1%, Somalisch 6%, Guaragisch 3.5%, Sidamisch 3.5%, Hadiyisch 1.7%, Andere 14.8%, Englisch (Offizielle Unterrichtssprache)	Orthodoxe Christen 43.5% Muslime 33.9% Protestanten 18.6% traditionelle Religionen 2.6% Katholiken 0.7% Andere 0.7%

Quelle: selbst erstellt nach CIA World Factbook[55]

Laut Tabelle 1 sind ein Großteil der ethnischen Gruppen Äthiopiens Minderheiten. Die zahlenmäßig größten ethnischen Gruppen sind die der Amhara, Tigray, Oromo und Somali. Im Folgenden sollen diese Gruppen kurz skizziert werden.

Amhara

Die Mehrheit der Amhara lebt als Ackerbauern in den Provinzen Begemder, Godjam, sowie in den Exklaven im Osten und Süden, die während der Zwangsumsiedlungen des Derg-Regimes entstanden sind. Das Hauptland der Amhara ist eine Gebirgslandschaft, auf dem hauptsächlich Getreide, Obst, Baumwolle oder Flachs angebaut werden. Außerdem wird Viehhaltung betrieben. Sowohl Landwirtschaft als auch Viehhaltung werden als Subsistenzwirtschaft betrieben.

In Addis Abeba und allen größeren Orten des Landes leben städtische Amharen, die überwiegend in Verwaltung, Bildungswesen, Militärwesen oder im Dienstleistungssektor arbeiten.[56]

---

[55] Unter: https://www.cia.gov/library/publications/the-world-factbook/geos/et.html (19.12.2010)
[56] Vgl. DAFFA, P. (1997): Historische und sozio-ökonomische Hintergründe aktueller Regionalisierungsbestrebungen am Horn von Afrika. Das Beispiel Äthiopien. In: BELLERS, J. & GRÜNDER, H. (Hrsg.): Regionen und Regionalismus. Münster: 56-92. (S. 70)

Die koptische Kirche spielte, zum Teil bis heute, in der Gesellschaft der Amhara eine zentrale Rolle, genauso wie das streng hierarchisch gegliederte Klassensystem. Heute schlägt sich das in der stark ökonomisch ausgerichteten Sozialstruktur, d.h. je mehr jmd. besitzt, desto höher ist dieser angesehen, nieder. [57]

Jedoch ist es gleichzeitig problematisch die Amhara als homogene ethnische Gruppe zu bezeichnen, da diese, historisch bedingt, in verschiedene „regionale, sich teilweise als Ethnien verstehende Gruppen unterteilt" werden, den Amhara aus Shoa, Gondar, Gojjam und dem westlichen Wollo. [58] Dies hat auch zur Folge, dass die Amharen in einigen Regionen Äthiopiens eine Minderheit bilden.

Seit der Modernisierung Äthiopiens Mitte des 19.Jahrhunderts bis zum Sturz des Kaisers Haile Selassie hatten die Shoa-Amhara die Herrschaft über Äthiopien inne. Unter Ihnen entstand das heutige Äthiopien in seiner gebietlichen Ausprägung. [59]

Tigray

> „In Tigre, der nördlichsten Provinz, leben ca. 3 Millionen Tigray. Tigre liegt auf dem nördlichen Teil des äthiopischen Hochplateaus. Die Wirtschaft basiert auf Bodenbau und Viehhaltung. Angebaut werden überwiegend Getreide und Hülsenfrüchte." [60]

Somit ist also, ähnlich wie bei den Amhara, Landwirtschaft und Viehhaltung wirtschaftliche Grundlage der meisten Tigray. Genau wie bei den Amhara ist die koptische Kirche eine zentrale Instanz der Gesellschaft. [61]

Zwischen den Tigray und Amhara herrscht seit jeher eine traditionelle Feindseligkeit, die sich daraus begründet, dass beide in Konkurrenz auf den Anspruch der Erben des Kaiserreichs von Axum standen und stehen. Deswegen haben sich die Tigray schon immer gegen die Vorherrschaft der Amhara gewehrt und haben heute eine dominierende politische Rolle inne, auch der regierende Premierminister Meles Zenawi entstammt diesem Volk. Im Rahmen des Umbruchs 1991 war die TPLF eine der zentralen Wider-

---

[57] Vgl. ebd. (S.71ff)
[58] SCHERRER, C. zitiert nach MUTSCHLER, A. (2002): *Eine Frage der Herrschaft. Betrachtung zum Problem des Staatszerfalls in Afrika am Beispiel Äthiopiens und Somalias.* Fragen politischer Ordnung in einer globalisierten Welt. Band 1. Münster (S.118)
[59] MUTSCHLER, A. (2002): *Eine Frage der Herrschaft. Betrachtung zum Problem des Staatszerfalls in Afrika am Beispiel Äthiopiens und Somalias.* Fragen politischer Ordnung in einer globalisierten Welt. Band 1. Münster (S. 107)
[60] DAFFA, P. (1997): Historische und sozio-ökonomische Hintergründe aktueller Regionalisierungsbestrebungen am Horn von Afrika. Das Beispiel Äthiopien. In: BELLERS, J. & GRÜNDER, H. (Hrsg.): Regionen und Regionalismus. Münster: 56-92. (S.74)
[61] Vgl. ebd. (S.74ff)

standbewegungen, aus ihr ging die spätere Partei EPRDF hervorging, die auch bis heute die meisten Sitze im Parlament besitzt.[62]

Oromo

Die Oromo sind das größte Volk Äthiopiens, stellen über ein Drittel der Bevölkerung und leben im Westen, Süden und Südosten des Landes. Zu diesem Gebiet gehören fruchtbare Böden, weshalb die Oromo zum großen Teil Landwirtschaft, hauptsächlich für den Eigenbedarf, aber auch für den Export, z.B. von Kaffee, betreiben. Außerdem kann man in Oromia Bodenschätze, wie Mineralien, Gold und Silber finden.

Sie unterscheiden sich hinsichtlich ihrer Gesellschaftsstruktur komplett von der, der Amharen oder Tigray. Die Oromo sind traditionell eine sehr heterogene Gesellschaft. Der feste Platz eines jeden Oromos ist seine Familie, somit „kümmern sie sich nur wenig um ihr ganzes Volk, aber viel um die Bedürfnisse ihrer Verwandten"[63]. Aus diesem Grund kam und kommt es zu Streitigkeiten zwischen den verschiedenen Klans und Klanverbänden und teilweise ausgeprägten Königreichen, was eine gemeinsame politische Plattform erschwert. Die Loyalität dem Staat gegenüber ist wenig ausgeprägt, solange sie im Konflikt mit der Loyalität gegenüber der eigenen Familie steht.[64]

Seit 1976 gibt es die OLF[65], die zwar mit am Umbruch 1991 beteiligt war, aber bis heute keine bedeutende Machtstellung in Äthiopien erlangen konnte. Somit entsteht das Problem, dass die größte ethnische Gruppe „weitgehend von der Staatsführung ausgeschlossen ist".[66]

Somali

Die Somali leben zum großen Teil in Somalia, aber auch in den angrenzenden Gebieten der Länder Kenias, Dschibutis und Äthiopiens. Das Land der Somali besteht hauptsächlich aus wenig fruchtbarem Weideland und besitzt große Vorkommen an Erdgas,

---

[62] Vgl. MUTSCHLER, A. (2002): *Eine Frage der Herrschaft. Betrachtung zum Problem des Staatszerfalls in Afrika am Beispiel Äthiopiens und Somalias.* Fragen politischer Ordnung in einer globalisierten Welt. Band 1. Münster (S. 120ff)
[63] Vgl. DAFFA, P. (1997): Historische und sozio-ökonomische Hintergründe aktueller Regionalisierungsbestrebungen am Horn von Afrika. Das Beispiel Äthiopien. In: BELLERS, J. & GRÜNDER, H. (Hrsg.): Regionen und Regionalismus. Münster: 56-92. (S. 79)
[64] Vgl. ebd. (S. 77ff)
[65] OLF = Oromo Liberation Front
[66] Vgl. MUTSCHLER, A. (2002): *Eine Frage der Herrschaft. Betrachtung zum Problem des Staatszerfalls in Afrika am Beispiel Äthiopiens und Somalias.* Fragen politischer Ordnung in einer globalisierten Welt. Band 1. Münster (S. 142f)

weshalb die äthiopische Regierung und ausländische Firmen ein großes Interesse an der Region haben. [67]

Die traditionelle politische und soziale Struktur der Somali ist stark vom Leben als Nomaden beeinflusst. Die Gesellschaft gliedert sich in 5 Klans (Dir, Isaaq, Darod, Hawiye und Rahanweyn), denen jeder Somali über seine väterliche Abstammungslinie zugewiesen werden kann. Eine Gemeinsamkeit aller Somali ist die gemeinsame Sprache Somalisch und die Religion des Islam.[68]

Die heutige somalische Gesellschaft ist weiterhin nach diesem Klansystem organisiert und ignoriert das Konzept der Zonen, Woredas und Kebeles, welches in Kap. 3.2 beschrieben wurde, da es aufgrund ihrer Lebensweise als Nomaden wenig Sinn ergibt.

> „Die lokale [...] SPDP[69], agiert kaum als Partei: Vielmehr ist sie an, von der EPRDF zufließenden Geldern interessiert. Die meisten SPDP-Politiker gehören den Clans der Issa[70] und Isaaq an, die Ogadeni[71] fühlen sich deshalb entfremdet.“[72]

Die Ogadeni sind also kaum an der Politik beteiligt, stellen aber die demographisch größte Gruppe in der Region. Somit besteht nicht nur zwischen der Region Somali und dem Staat Äthiopien Konfliktpotenzial, sondern auch zwischen den einzelnen Gruppen.

Die verschiedenen Ethnien haben also differenzierte soziale, kulturelle und sprachliche Hintergründe und demnach ist ein Kommunikation und Kooperation zwischen Ihnen sehr schwierig zu gestalten.

Mit diesem Problem sah sich auch die Übergangsregierung von 1991 bis 1994 konfrontiert und entschied sich, wie bereits erwähnt, für ein föderales System mit Grenzen an Hand vermuteter Siedlungsräume der ethnischen Gruppen. Problematisch ist diese Grenzziehung jedoch z.B. in Bezug auf den heterogensten Staat SNNPR (ca. 45! Ethnien) oder auch für das nomadische Volk der Somali.

---

[67] Vgl. HUMAN RIGHTS WATCH (2008): *Collective Punishment. War Crimes and Crimes against Humanity in the Ogaden area of Ethiopia's Somali Region.* http://www.hrw.org/en/reports/2008/06/12/collective-punishment (20.12.2010). (S. 13f)
[68] Vgl. Vgl. MUTSCHLER, A. (2002): *Eine Frage der Herrschaft. Betrachtung zum Problem des Staatszerfalls in Afrika am Beispiel Äthiopiens und Somalias.* Fragen politischer Ordnung in einer globalisierten Welt. Band 1. Münster (S. 145ff)
[69] SPDP = Somali People's Democratic Party
[70] Isaa = Unterclan der Dir
[71] Ogadeni = Unterclan der Darod
[72] KOOPERATION ASYLWESEN DEUTSCHLAND–ÖSTERREICH–SCHWEIZ (2010): Bericht zur D-A-CH Fact Finding MissionÄthiopien/Somaliland 2010 (S. 52)

Dies wirkt sich bis heute in Grenzkonflikten und auch in Konflikten innerhalb der einzelnen Regionen aus. Im nächsten Abschnitt sollen diese zwei Konfliktlinien kurz skizziert
werden, bevor darauf eingegangen werden kann, inwiefern das neue politische Modell
Äthiopiens ethnonationale Konflikte entschärfen konnte bzw. kann und ob dieses „Gebilde" an sich als stabil bezeichnet werden kann.

3.4   Aktuelle Konfliktlinien

Somali-Region

In der Somali-Region gibt es mehrere Konflikte, die sowohl zwischen den verschiedenen ethnischen Gruppen, als auch zwischen den oppositionellen Gruppen und dem
Staat Äthiopien.

Zum einen gibt es immer wieder Grenzstreitigkeiten mit der Oromo-Region, aber auch
der Afar-Region im Norden oder der Region Benishangul-Gomuz im Westen. Meist geht
es um natürliche Ressourcen wie Weideland oder Wasserstellen, weswegen sich die
nomadisch geprägten Völker ungern an administrativ gesetzte Grenzen halten. Bisher
verliefen diese Streitigkeiten relativ gewaltfrei, da Oromo und Somali kulturell sehr ähnlich sind. Jedoch hat die durch die föderale Regierung eingeführte Grenzziehung zu
einer Verhärtung der Fronten zwischen beiden Ethnien geführt.[73]

Zum anderen kämpft die „Ogaden National Liberation Front (ONLF) seit Mitte der
1970er Jahre als Regionalmiliz gegen die Präsenz der Zentralregierung"[74]. Auch jetzt
finden unerbittliche Kämpfe zwischen dieser Gruppe und den Regierungstruppen statt.
Dabei geht es hauptsächlich darum, dass die ONLF eine Abspaltung der Ogaden Region mit anschließender Angliederung an Somalia verfolgt. Dieser Konflikt erreichte seinen bisherigen Gipfel im Juni 2007 als die Äthiopische Armee in Somali einmarschierte,
weil die Rebellen der ONLF eine chinesische Ölbohrungsstation attackierten. Seitdem
herrschen erbitterte Kämpfe zwischen den Rebellen und der Regierung, der von Men-
schenrechtsorganisationen wie der Human Rights Watch oder Amnesty International

---

[73] Vgl. VÖLKEL, J.C. (2009): *Konfliktportraits. Äthiopien.* http://www.bpb.de/themen/W3IXH9,0,0,%C4thiopien.html
(20.12.2010).
[74] Vgl. ebd.

unrechtmäßige Härte und Menschenrechtsverletzungen vorgeworfen werden. [75] Bis heute konnte dieser Konflikt noch nicht entschärft werden.

SNNPR-Region

Die Region Southern Nations, Nationalities, and People's Region verbirgt unter ihrem Namen um die 45 verschiedene Ethnien. Seit je kämpfen die Viehhirten

> „in diesem Gebiet um Land, Wasser und um Kühe. Sie bekriegen und ver-
> söhnen sich. [...] Doch die Konkurrenz um politischen Einfluss und um
> staatliche Finanzhilfen sowie die zunehmende Verbreitung von Kleinwaffen
> haben die Konflikte verschärft."[76]

Waren früher die Konflikte, die auf Basis von lebenswichtigen Grundlagen entstanden, oft schnell gelöst, passiert es heute häufig, dass solche Konflikte politisch aufgeladen werden und so zu einer stärkeren ethnischen Segregation führen.

In South Omo, einer Provinz in SNNPR, kam es zum Beispiel vor einigen Jahren zu bewaffneten Konflikten zwischen den ehemals befreundeten und friedlichen Karo und Nyangatom, zwei von 16 Ethnien dort. Wie üblich ging es um natürliche Ressourcen wie Wasser und Weideland, aber auch um Viehdiebstahl. Wurden früher diese Konflikte zwischen den Ältesten gelöst, kommt es heute immer mehr dazu, dass v.a. die bewaffneten Jüngeren in das Gebiet der Anderen einmarschieren, der Streit eskaliert und Menschenleben fordert.[77]

Neben diesen zwei großen Konflikten gibt es aber noch viele andere Konfliktherde. Diese alle zu erwähnen, würde aber den Rahmen sprengen.

4. Fazit

Es konnte gezeigt werden, dass Äthiopien alle Merkmale eines westfälischen Staates aufweist. Staatgebiet, Staatsvolk und Staatsgewalt sind in der Verfassung verankert. Zusätzlich können Äthiopien auch Merkmale eines typischen afrikanischen Staates zugewiesen werden. Es weist eine sehr starke kulturelle, sprachliche und ethnische Hete-

---

[75] Vgl. VÖLKEL, J.C. (2009): *Konfliktportraits. Äthiopien.* http://www.bpb.de/themen/W3IXH9,0,0,%C4thiopien.html (20.12.2010). & HUMAN RIGHTS WATCH (2008): *Collective Punishment. War Crimes and Crimes against Humanity in the Ogaden area of Ethiopia's Somali Region.* http://www.hrw.org/en/reports/2008/06/12/collective-punishment (20.12.2010).
[76] ELLIESEN, T. (2009): *Miteinander reden – nicht schießen. Wie in Konflikten zwischen Viehhirten in Südäthiopien vermittelt wird.* http://www.welt-sichten.org/cms/front_content.php?idart=721
[77] Vgl. ebd.

rogenität der Bevölkerung auf. Um trotzdem Stabilität zu gewährleisten, soll die Regierungsform des ethnoregionalen Föderalismus diesem potentiellen Problem entgegenwirken.

Premierminister Meles Zenawi sagt:

"Our diversity is not a sign of our disparity; rather, it is a manifestation of our unity and strength."[78]

Ob der ethnoregionale Föderalismus diesem Ideal entspricht, wurde im dritten Kapitel untersucht. Durch die Gleichberechtigung aller Ethnien und deren Verfassungsgerichtbarkeit ist ein Grundstein gelegt. Nicht ganz erfüllt sind die Mindestanforderung der Ausgewogenheit zwischen Zentral–und Gliedstaaten, da die Regierung hauptsächlich von einer Partei, der EPRDF, und deren Satellitenparteiengestellt wird, die maßgeblich von den Tigray beeinflusst werden.

Ein weiteres Problem bei der praktischen Durchsetzung des Föderalismus sind die historischen Ethnizitäten, die laut Verfassung durch die festgelegten, regionalen Ethnizitäten ersetzt werden sollen. Die bestehenden Konflikte zeigen, dass dieser Ansatz Ideal bleibt. Kulturell verankerte Verhaltensweisen können durch die Regierung nicht grundlegend geändert werden. Sowohl in der Somali-Region als auch in SNNPR hat das Modell des ethnoregionale Föderalismus nicht zur Konfliktlösung zwischen den ethnischen Gruppen beigetragen, zum größten Teil hat es eher noch zu einer Verschärfung der Konflikte geführt. Wurden die Konflikte früher zum größten Teil zwischen den Gruppen und innerhalb derer gesellschaftlichen Organisationssysteme ausgetragen, passiert es heute immer häufiger, dass diese Konflikte politisiert werden. Die Grenzziehung und Zuweisung von Ethnien zu einem bestimmten Gebiet hat dazu geführt, dass v.a. bei den nomadisch und pastoralagrar lebenden Völkern Streitigkeiten um Grenzen oft blutig ausgetragen werden, da beide beispielsweise Anspruch auf dasselbe Gebiet erheben, welches sie sich früher vielleicht einvernehmlich teilen konnten.

Die Aussagen von Tekleberhan und Nahrom, die in Punkt 1 zitiert wurden, können somit nicht ganz der Wahrheit entsprechen.

Der ethnoregionale Föderalismus im modernen Staat Äthiopien hat zwar Vorteile gebracht, die aber hauptsächlich dem Gesamtstaat zu Gute kommen, wie z.B. politisches Wachstum, o.Ä. Vorteile zu Gunsten der Selbstbestimmung der einzelnen Ethnien gibt

---

[78] ZENAWI, M. (2010)zitiert unter :http://www.waltainfo.com/index.php?option=com_content&task=view&id=24644

es bis zum heutigen Zeitpunkt nicht, da die Regierung immer noch zu zentral agiert und die einzelnen Ethnien gegenüber dem Gesamtstaat nicht adäquat vertreten vertreten werden können, da Äthiopien de facto ein Einparteienstaat ist. Alle politischen Hintergründe dazu zu erforschen würde jedoch den Rahmen der Arbeit sprengen.

Im Gesamten lässt sich sagen, dass der ethnoregionale Föderalismus zumindest als Konfliktlösungsmodell versagt hat.

Literaturverzeichnis

ASSEFA, G. (2001): *Ethnoregionale Konflikte, Föderalismus und Demokratie in Äthiopien*. Johann Wolfgang Goethe - Universität zu Frankfurt am Main (2002).

BASEWITZ, N. & HESS, H. (o.J.): *10 Jahre ethnischer Föderalismus in Äthiopien. Zwischen nationaler Selbstbestimmung und Balkanisierung*. Friedrich Ebert Stiftung. http://library.fes.de/pdf-files/iez/50161.pdf (20.12.2010).

BPB Bundeszentrale für politische Bildung
http://www.bpb.de/wissen/CORY19,0,0,%C4thiopien.html (16.12.2010)

DAFFA, P. (1997): Historische und sozio-ökonomische Hintergründe aktueller Regionalisierungsbestrebungen am Horn von Afrika. Das Beispiel Äthiopien. In: BELLERS, J. & GRÜNDER, H. (Hrsg.): Regionen und Regionalismus. Münster: 56-92.

ELLIESEN, T. (2009): *Miteinander reden – nicht schießen. Wie in Konflikten zwischen Viehhirten in Südäthiopien vermittelt wird.* http://www.welt-sichten.org/cms/front_content.php?idart=721

EMMINGHAUS, C. (1997): *Äthiopiens ethnoregionaler Föderalismus. Modell der Konfliktbewältigung für afrikanische Staaten?*. Demokratie und Entwicklung. Band 27. Hamburg.

HUMAN RIGHTS WATCH (2008): *Collective Punishment. War Crimes and Crimes against Humanity in the Ogaden area of Ethiopia's Somali Region.* http://www.hrw.org/en/reports/2008/06/12/collective-punishment (20.12.2010).

KOOPERATION ASYLWESEN DEUTSCHLAND–ÖSTERREICH–SCHWEIZ (2010): *Bericht zur D-A-CH Fact Finding Mission Äthiopien/Somaliland 2010* http://www.ejpd.admin.ch/content/dam/data/migration/laenderinformationen/herkunftslaenderinformationen/afrika/ber-ffm-ETH-SOM-d.pdf

MUTSCHLER, A. (2002): *Eine Frage der Herrschaft. Betrachtung zum Problem des Staatszerfalls in Afrika am Beispiel Äthiopiens und Somalias.* Fragen politischer Ordnung in einer globalisierten Welt. Band 1. Münster.

PRAEG, B. (2006): *Ethiopia and Political Renaissance in Afrika.* New York.

SCHUBERT, K. & KLEIN, M. (2006) *Das Politiklexikon.* Bundeszentrale für politische Bildung. Bonn. http://www.bpb.de/popup/popup_lemmata.html?guid=ZBZ1RK (18.10.2010)

SCHUBERT, K. & KLEIN, M. (2006) *Das Politiklexikon.* Bundeszentrale für politische Bildung. Bonn. http://www.bpb.de/popup/popup_lemmata.html?guid=GVXEYK (18.10.2010)

THURICH, E. (2006): *pocket politik. Demokratie in Deutschland.* Bundeszentrale für politische Bildung. Bonn. http://www.bpb.de/popup/popup_lemmata.html?guid=4E78D5 (18.10.2010)

VÖLKEL, J.C. (2009): *Konfliktportraits. Äthiopien.* http://www.bpb.de/themen/W3IXH9,0,0,%C4thiopien.html (20.12.2010).

ZANDONELLA, B (2005): *Pocket Europa. EU-Begriffe und Länderdaten.* Bundeszentrale für politische Bildung. Bonn. http://www.bpb.de/popup/popup_lemmata.html?guid=420Y9O (18.10.2010)